U0359387

小牛顿

植物生存高手

小牛顿科学教育公司编辑团队 编著

竞合篇

扫描二维码回复【小牛顿】

即可观看独家科普视频

北京时代华文书局

目 录
contents

共生高手

▶ 本单元含视频

关 于 这 套 书

　　大自然奇妙而神秘，且处处充满危机，野生动植物为了存活，发展出种种独特的生存技巧。捕猎、用毒、模仿，角力、筑巢和变性，变形根、变形刺，寄生与附生的生长方式。这些生存妙招令人惊奇，而动植物们之间的生存竞争也十分精彩。

　　《小牛顿生存高手》系列为孩子搜罗出藏身在大自然中各式各样的生存高手。此书不仅可以让孩子认识动物行为、动物生理和植物生态的知识，更启发孩子尊重自然，爱护生命的情操。

强迫合作高手

寄生高手

▶ 本单元含视频

长喙天蛾

有些花朵的形状非常细长，只有口器特别长的蝴蝶或蛾，例如长喙天蛾，能够吸到花蜜，并帮忙传递花粉。植物这种专一性的构造设计，是希望珍贵的花蜜，不被不帮忙传粉的昆虫偷吃掉，也能减少花朵沾到其他昆虫带来的不同种花粉，提高花的授粉概率。

共生高手

　　植物无法随处移动，因此有些植物将传播花粉及传播种子的重责大任，交付在可以四处移动的动物身上，让这些动物成为它们在大自然生存战中最好的帮手。而其中有些植物与动物之间的关系，演变得更加密切，例如有些花朵透过特殊的设计，只让某种动物可以吃到花蜜，因此也只有这种动物能协助传粉。有些植物则变成房东，动物住在里面的同时，还能够保护它们。甚至有些植物与动物还成了缺一不可的好伙伴，只要少了对方，就无法继续生存下去。

扫描二维码回复【小牛顿】

即可观看独家科普视频

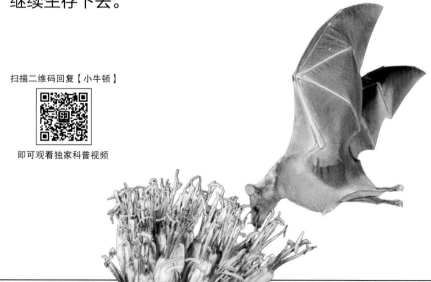

金鱼草、熊蜂挑选授粉红娘

　　生长在地中海的金鱼草，它的花朵造型是专为熊蜂量身打造的。金鱼草的上、下花瓣闭合在一起，把雄蕊和雌蕊都藏在里面，许多小型昆虫就算被花朵的香气和缤纷色彩吸引过来，却是想钻也钻不进去，无法吃到里头的花蜜。而当金鱼草的专属传粉者——熊蜂，降落在花瓣上时，因为熊蜂的体重比较重，会把下半部的花瓣压得垂下去，花朵也因此打开，熊蜂只要再向前走几步，就能轻松吸到花蜜，也因为熊蜂体型比较大，背部才能够刚好碰到雄蕊和雌蕊，不知不觉中，就帮金鱼草完成了授粉。金鱼草利用花朵的巧妙设计，挑选体型大小最适合的传粉者，提高传粉效率，而熊蜂则能够独享金鱼草香甜的花蜜。

花瓣平时呈紧闭状态……

熊蜂降落，花瓣因熊蜂重量自然打开。

金鱼草的花瓣形状，很适合熊蜂降落在上面，让熊蜂可以轻松吸到花蜜，也帮忙花朵授粉。只有熊蜂可以帮金鱼草授粉，所以如果熊蜂消失了，金鱼草也会因为无法繁衍下一代而绝种。

鹤望兰、太阳鸟 用体重撑开花朵

鹤望兰是生长在非洲南部的美丽植物，它的花朵基部有蜜腺，会分泌大量的花蜜，吸引动物前来吸取花蜜，帮花朵传粉，不过，它的花有设计独特的机关，只有太阳鸟等小型鸟类，才有办法打开机关，成为鹤望兰的传粉大使。鹤望兰的花粉平时藏在花瓣的缝隙中，当太阳鸟站在花瓣上吸花蜜时，花瓣会被太阳鸟的重量压得变形，中间的缝隙因而张开，花粉就能沾在太阳鸟的脚上，当太阳鸟造访下一朵花时，只要站在雌蕊上，就帮鹤望兰完成授粉了。鹤望兰平时关闭起来的花瓣，能保护重要的花粉，不被其他不帮忙传粉的动物吃掉，只有专门为它传粉的太阳鸟，才可以打开花朵进行传粉，授粉成功率因此提高。

平时花瓣紧闭，花粉藏在花瓣里……

花粉未露出

雌蕊

太阳鸟吸食花蜜时，正好会站在鹤望兰的花瓣上，让花打开，露出雄蕊，雄蕊上的花粉便会沾到太阳鸟的脚上。 太阳鸟再飞到另一朵鹤望兰上时，只要脚刚好站在花朵尖端的雌蕊上，就完成了授粉。

太阳鸟一停驻，花瓣立刻打开，露出花粉。

雌蕊

花粉

蜜腺

花

龙舌兰开花时，会向上长出一根高高的花梗，花谢并结果后，植株就会死亡。

龙舌兰、长鼻蝠长途旅行补给站

　　龙舌兰是生命力极强的植物，可以生长在干旱的荒漠中，但是，光秃秃的荒漠里，可以帮它传粉的昆虫很少，因此，龙舌兰的开花时间，正好配合每年都会迁徙经过此处的长鼻蝠，双方形成了互相依存的关系。长鼻蝠每年春天会向北迁徙到北美洲，秋天再沿原路飞回墨西哥，在长鼻蝠的迁徙路线上，龙舌兰就像是长鼻蝠的补给站，提供花蜜作为长鼻蝠旅行的重要能量补给。而每当长鼻蝠将嘴伸进龙舌兰的花中吃花蜜时，它的鼻子都会沾满花粉，再将花粉带到另一朵花上，就帮助龙舌兰完成了授粉、传宗接代的任务。龙舌兰与长鼻蝠发展出的关系，是缺一不可，少了彼此，都很难存活下去。

长鼻蝠迁徙时，龙舌兰的花蜜几乎是它在荒漠地带唯一的食物来源。而龙舌兰分泌的花蜜，量多且甜，能为蝙蝠提供足够的能量。

果蝇帮海芋授粉时，还会在海芋上产卵。

雄花

海芋的雌蕊会先成熟授粉，等苞片的下半部关闭后，上半部的雄蕊才会成熟。之后上半部的雄蕊部分会枯萎，只剩下下半部雌蕊的部分，继续发育成果实。

发育中的果实

10

海芋、果蝇提供幼虫食物住处

　　海芋的大花由许多小花组成，外围被一片绿色的苞片包裹保护着。大花的上半部，布满了密密麻麻的雄蕊，下半部则是雌蕊。花朵初次绽放时，只有雌蕊先成熟，此时整片苞片会打开，并且散发出浓浓臭味，花朵的温度还会升高 3～4 摄氏度，加速臭味散出，吸引大批果蝇闻臭而来，带来其他花朵的花粉，钻进苞片中，帮雌蕊授粉。当上方的雄蕊渐渐成熟，苞片的下半部会渐渐关上，果蝇也爬到雄蕊上享用花粉，同时沾上花粉并离开。海芋的花则提供果蝇幼虫生长所需。果蝇在造访花朵的同时，也会在花朵上交配、产卵，卵孵化后，幼虫就以花朵为食，等海芋果实成熟裂开后，果蝇幼虫也刚好发育成熟，羽化为成虫飞出。

果实成熟后，幼虫也羽化为果蝇成虫了。

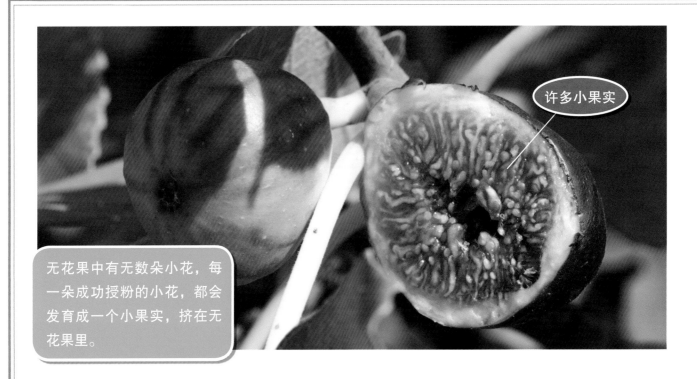

许多小果实

无花果中有无数朵小花，每一朵成功授粉的小花，都会发育成一个小果实，挤在无花果里。

无花果、榕小蜂 帮忙授粉的房客

　　无花果树的树干上经常冒出许多的无花果，但却从不见它开花，究竟是怎么一回事呢？原来每颗无花果里头，都藏着一片细小的花海，这些就是无花果树的花，这些被藏起来的花，只有榕小蜂这种特殊的蜂类，才能够帮它授粉。榕小蜂的体型像蚂蚁一样小，雌蜂会四处寻找无花果，从无花果的底部小洞钻进去产卵，孵化出来的幼虫，就吃无花果长大。幼虫在无花果中羽化为成虫后，会直接在无花果里交配，交配完成后，雄蜂就死在无花果里，而受孕的雌蜂则会钻破无花果离开，顺便带走花粉，然后进到另一颗无花果中产卵，无花果内的雌蕊，因为雌蜂带来的花粉，而成功授粉，继续繁衍下一代。

幼虫在花朵中成长。

幼虫羽化为成虫后，带着花粉离开。

雌蜂钻进无花果里产卵。

无花果里面，靠近底部小孔的是雌花，当雌蜂钻进无花果中，会让此处的雌花授粉。而在无花果中羽化出来的雌蜂离开无花果时，会把雄花的花粉带走。无花果只能够靠着榕小蜂授粉，繁衍下一代。

13

牛角刺金合欢生长在中美洲，它们长出的尖刺，形状像牛角，所以被称为牛角刺金合欢。住在尖刺中的蚂蚁，不仅会保护植物不被植食性动物啃咬，还会将四周其他正在生长的植物清除掉，以免它们抢走土中养分，也避免牛角刺金合欢被这些植物遮蔽住阳光。

蜜腺

14

牛角刺金合欢、蚂蚁 帮忙驱敌的房客

　　牛角刺金合欢的树叶，对许多植食性动物来说，是充满吸引力的美食，因此，牛角刺金合欢不仅茎上长满了尖刺，防止动物啃食，还招募了蚂蚁大军，来帮它驱赶敌人。牛角刺金合欢的尖刺是中空的，正适合当作蚂蚁的巢穴，叶柄上还有特化的蜜腺，会分泌蚂蚁爱吃的糖水，吸引蚂蚁定居在树上。而蚂蚁为了保护它的家和食物，只要出现任何会啃食牛角刺金合欢的动物，蚂蚁就会大批涌出，上前攻击入侵者，用大颚猛力咬向敌人，直到敌人忍不住疼痛而逃走，蚂蚁不仅保护了自己的家，也让牛角刺金合欢因此逃过了被吃的命运。

刺金合欢树中也有其他种类，像牛角刺金合欢一样，与蚂蚁有着密不可分的关系。生活在非洲的镰荚金合欢，也有着中空的尖刺，靠蚂蚁帮忙驱赶入侵者。

15

块茎蚁巢木类植物肿起的茎里面，有许多的腔室及通道，对于蚂蚁来说就是一个现成的家。

赶跑入侵者！

块茎蚁巢木、蚂蚁 提供住所换保护

　　块茎蚁巢木是一类很特别的植物，它们不长在地上，而是高高附着在其他大树上，而且块茎蚁巢木底下的茎，会肿起成一个球形茎，里面充满空心的小腔室。这个肿起的茎，就是块茎蚁巢木提供给它的房客——蚂蚁的最佳住处。有许多腔室、通道的地方，就是蚂蚁最理想的家，蚂蚁家族因此争相进驻这栋免费的房子，而块茎蚁巢木也相当欢迎蚂蚁的到访，因为蚂蚁不只能帮它赶走害虫，还会在空腔里留下排泄物和尸体，成为块茎蚁巢木生长的养分来源，让块茎蚁巢木可以在几乎没有土壤和养分的树干上生存，不用和其他植物竞争地上的生活空间。

块茎蚁巢木植物种类很多，都是附着在其他植物上生活的。它们基部都有膨大的腔室，提供给蚂蚁居住。

松树、北美星鸦 把种子带到远处

　　北美星鸦生活在高山上的松树林中，主要的食物就是松树的种子，虽然松树的种子被吃掉后，就无法发芽长大，不过星鸦储存种子的举动，却帮了松树一个大忙。冬天松树上没有种子可以吃，所以，星鸦会在夏天收集大量的种子，以度过冬天。星鸦的舌头下方有囊袋，可以暂时储存种子，囊袋装满了再飞到地面上，寻找适合的埋藏地点，星鸦会将种子分散埋藏在各处，以免被其他动物偷走，到了冬天再把种子挖出来吃。但是星鸦收集的松树种子太多了，它没办法吃完所有埋藏的种子，因此有一部分的种子被留在土中，在春天萌发，长成大树，因此星鸦无意间，帮助松树传播了种子，传播距离最远可达数千米，让松树的族群，能到达远方，并快速扩张。

星鸦采集种子的速度很快，只要几分钟，囊袋就能装满 100 颗的种子，并在每个埋藏点存放 1 ～ 15 颗的种子，冬天来临之前，约能累积 5000 ～ 20000 个埋藏点。星鸦的记忆力很好，能够记得所有的埋藏点，接下来的九个月都不会忘记，而且即使地面被雪覆盖，仍然可以找到埋藏点。

星鸦藏种子的行为，其实也是在"种植"松树，除了让松树可以拓展生存空间，星鸦同时也让自己的生活空间和食物变多。

橡树、松鼠 帮忙种树的帮手

　　橡树的果实——橡果，是松鼠的最爱，生活在温带地区的松鼠，每年都必须经历漫长又寒冷的冬天，而且松鼠不像熊能够冬眠，它们整个冬天必须不断吃东西，才不会饿死。因此，松鼠会四处收集橡果，囤积起来，松鼠在夏天大约能囤积3000～10000颗的橡果，藏在许多地洞和树洞中，冬天再凭着记忆找出，填饱肚子。通常，松鼠总是会囤积过多的橡果，一个冬天根本吃不完，而且松鼠记忆力也不好，经常忘了埋藏地点，那些被留在土中的橡果，就能生根发芽，长成新的橡树。虽然有一部分的橡果会被松鼠吃掉，不过松鼠储存食物的行为，间接也帮助了橡树，把橡树种子传播到更远的地方。

没有被松鼠挖出来吃的橡果，就能发芽，继续繁衍下去。

桑寄生、啄花鸟 把种子带到高处

桑寄生是一种寄生植物，它们无法在土中生存，必须寄生在其他树木身上，吸取其他树木体内的水分和养分生活，但是桑寄生是怎么跑到树上去的呢？原来，有一种爱吃桑寄生果实的小鸟，叫作啄花鸟，会帮桑寄生把种子"种在树上"。桑寄生的种子可以抵抗啄花鸟的消化，随着鸟粪排出，而且果实中含有特殊的成分，会把粪便变得黏黏的，因此排出时会粘在啄花鸟的屁股上，不会直接掉落到地上。啄花鸟为了甩掉黏黏的粪便，屁股会摩擦树枝，就将桑寄生的种子粘到树枝上了，桑寄生因此可以成功抵达高处，顺利生长。

啄花鸟吃了桑寄生美味的果实。

桑寄生的花

粪便怎么会粘在身上？

啄花鸟摩擦树枝，带有种子的粪便，就粘在树枝上。

桑寄生种子

桑寄生分布于中国南方与东南亚地区，可以寄生在70多种植物上，包括桑树、榕树、桃树，等等。

强迫合作高手

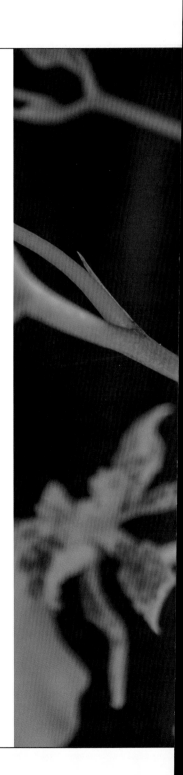

　　有些植物为了让动物能够彻底执行帮它传粉的任务，会使出一些更为狡诈的招式，把动物们"利用"得更透彻。这些招式，包括模仿，或是施以小惠等方式，先吸引昆虫接近，再透过特别的构造，或是设下重重陷阱，让昆虫不沾上花粉都不行。这些招式能确保探访花朵的昆虫们，身上沾上够多的花粉，也确保花粉抵达另一朵花后，能够确实沾到雌蕊上，达成授粉的目的。植物利用独特的陷阱奇招，才能提高授粉成功率，成功繁衍下一代。

金虎尾科植物的花

文心兰并不会产生花蜜，但是它鲜艳的黄花相当引人注目，有些种类的文心兰，花形甚至还模仿会产蜜的金虎尾科植物的花朵，就是要让蜜蜂误认，因而爬上花朵寻找花蜜，当蜜蜂发现受骗时，花朵早已达成授粉的目的。

眉兰、地花蜂巧扮雌蜂欺骗

　　原产于欧洲的眉兰，为了达到授粉的目的，不惜使出欺骗的招数。眉兰的外形独特，像极了一种地花蜂，而且还会散发出和雌地花蜂类似的气味。当雄地花蜂经过时，会误以为花朵是雌蜂，因而爬到花朵上，等到发现上当时，身上早已沾上了眉兰的花粉块，当雄地花蜂又发现另一朵眉兰时，又会再次被欺骗，将花粉块又沾到柱头上，糊里糊涂地帮助眉兰完成授粉，但自己却什么好处都没得到，成为被利用的角色。眉兰开花的时间是每年的 4～6 月，刚好集中于雌蜂大量出现的时间之前，才能够骗到雄蜂，否则，当正牌雌蜂出现，眉兰可是一点胜算也没有。

眉兰的花粉块，刚好位于地花蜂抱住花朵时，头会碰触到的地方，花粉块因此能沾在地花蜂头上被带走。

柱头　　花粉块

好大一块腐肉！
一定很适合当作
我宝宝的食物。

大花犀角散发出的腐臭味，
搭配花朵的色泽，能让苍蝇
以为它是一块腐肉，因而被
骗过来产卵，大花犀角因此
达到授粉的目的。

大花犀角、苍蝇假装腐肉欺骗

　　大花犀角是一种仙人掌，原产于南非，它巨大的星形花朵，不只颜色不鲜艳，还一点都不香！反而是散发出浓浓的腐臭味，闻起来就像一块腐烂的肉。虽然蜜蜂和蝴蝶一点都不会想接近它，但它却深得苍蝇的喜爱，而且苍蝇还真的以为它就是一块腐肉，因此纷纷飞到花的中心产卵，在不知情的情况下，帮助了大花犀角授粉。不过，受欺骗的苍蝇，它们的宝宝可就遭殃了。卵孵化成蛆后，却发现根本没有腐肉可以吃，无助的蛆宝宝，最后只能死在花朵里，成为大花犀角授粉大业的牺牲者。

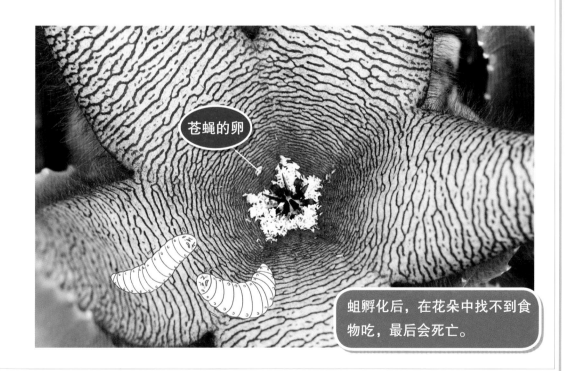

苍蝇的卵

蛆孵化后，在花朵中找不到食物吃，最后会死亡。

29

花粉块

内有花粉的缝隙

马利筋的花粉块藏在花朵的缝隙中，当昆虫的脚不小心踩进去，就会沾上花粉块，被迫成为花粉的搬运工，却一口花粉都吃不到。

马利筋、昆虫 花粉块粘满脚

　　马利筋的花朵看似平凡无奇，但其实里面暗藏玄机。马利筋会分泌大量的花蜜，吸引蜜蜂、蝴蝶等昆虫前来吸食花蜜，而为了确保昆虫一定可以沾到花粉，马利筋巧妙地安排好花蜜的位置，引导昆虫在花上移动，而花粉则结成块状，藏在花朵的缝隙中，为了吃花蜜而移动的昆虫，脚很容易踩进花朵的缝隙中，等它们再度抽出脚，上面就沾了一大块、一大块的花粉块。当脚上沾有花粉块的蜜蜂，又踩到另一朵马利筋花朵时，整个花粉块就会转移，帮马利筋完成授粉。

花粉块

短雄蕊

雌蕊

长雄蕊

大型蜂类会吃花粉，但这些花粉对于植物来说非常重要，为了避免珍贵的花粉全部都被吃光，阿勃勒产生了两种花粉，短雄蕊产生的花粉，不能繁殖后代，是作为引诱传粉者前来的诱饵，而长雄蕊产生的花粉，才是真正具有繁殖功能的，因此偷偷抹在传粉者背上，让传粉者乖乖地帮它传粉。

阿勃勒、大型蜂类假花粉欺骗

　　阿勃勒是一种豆科植物，生长在南亚及中国南方。每到夏天，阿勃勒就会开出一串一串金黄色的花串，吸引大型蜂类来帮忙传粉。不过，阿勃勒对于这些传粉者有着特别的策略，让它们不得不帮它传递花粉。阿勃勒的花造型很奇特，在花中间有比较短的雄蕊，还有又长又弯的雄蕊与雌蕊一起往花外伸出，就像钩子一样。阿勃勒的特殊策略，就是以中间的短雄蕊花粉来吸引大型蜂类靠近，当它们专心地采集中间的花粉时，背面会碰触到外伸的长雄蕊与雌蕊，长雄蕊上的花粉因此被抹在传粉者的背上，它们只要再去另一朵花上，背面的花粉就能让雌蕊授粉。这样的策略，让蜂类在不知不觉中，被阿勃勒利用，帮它完成授粉工作。

西番莲、大型蜂类高挂的花粉

　　当西番莲展开它的花朵时，瞬间就成为众所瞩目的焦点，各种昆虫都被这朵美丽的花给吸引过来，而且花的中间有一圈蜜槽，装有昆虫们都喜爱的香甜花蜜。当体型比较大的蜂类也被吸引过来时，就是西番莲传播花粉的重要时刻。西番莲的花蕊并不在花朵的里面，而是悬挂在花朵上方，当大型蜂类降落在花上，将头伸进蜜槽中大快朵颐时，背部一定会摩擦到悬在上方的花蕊，大量的花粉就这样被涂抹在它的背上。西番莲的花朵构造，强迫大型昆虫成为它的传粉媒介，是因为大型昆虫一次就能带走比较多的花粉，授粉效率更高。

雌蕊

雄蕊

蜜槽

只有虎头蜂、熊蜂等大型蜂类，它们在吃花蜜时，背部才会碰到雄蕊和雌蕊，一般的蜜蜂等小型蜂类，吸花蜜时并不会帮忙传粉。

花粉块

地花蜂被香气吸引过来，钻进囊袋中……

杓兰、地花蜂难以爬出的袋子

　　杓兰的外表相当奇特，它的其中一片花瓣，是大大的囊状，上头有个小开口。杓兰会散发香气，吸引地花蜂前来，但是，当地花蜂钻进囊状的花瓣中寻找花蜜时，才发现被骗了，花里头其实根本没有花蜜，而且囊袋内侧很光滑，不容易爬出来。囊袋在靠近花蕊的地方，表面长有细毛，可以让地花蜂抓着向上爬，当地花蜂沿着设计好的道路，钻出洞口的时候，刚好会撞到花粉块，花粉就能沾在地花蜂的身上，跟着地花蜂离开，当这只地花蜂又被另一朵杓兰吸引，而进入囊袋中，又会在爬出洞口时，正好把花粉沾到柱头上，不情愿地帮杓兰完成授粉的重责大任。

白忙一场的地花蜂钻出囊袋，身上沾了花粉。

杓兰花瓣内部的细毛，就像一条铺好的道路，让地花蜂不得不撞向花蕊。

37

刚绽放的花朵，会吸引大量昆虫……

接着花朵合上，把昆虫关在里面……

花朵授粉后，开始变色并重新绽放。

王莲、昆虫 逃不出的花朵监狱

　　王莲巨大的花朵初次绽放时，是白色的，并且散发着浓郁的香气，吸引各种昆虫纷纷钻到花朵里面吸食花蜜，同时带来其他王莲花的花粉来授粉。王莲为了确保雌蕊都能完全授粉，在昆虫进入花朵中时，会将花瓣合上，把这些昆虫关在花里面，过了一晚后，授粉完成的花朵才会再次绽放，这时昆虫纷纷逃出花朵，不过身上也已经带着这朵花的花粉。这些昆虫又会继续受到别朵王莲花的吸引，再次成为王莲花朵的阶下囚，背负了授粉的使命。

花朵授粉后，会渐渐地由白色转变为粉红色，变色可以让昆虫知道这朵花已经授粉了，不会再产生花蜜，昆虫便不会再次造访。这种变色可以提高授粉效率。

细毛

马兜铃花朵内侧有许多朝下生长的细毛，让苍蝇只能进不可出，苍蝇会在花中移动挣扎，马兜铃的花就能达到充分授粉的目的。

40

马兜铃、苍蝇爬不出的陷阱花

　　马兜铃的花朵既不鲜艳也不香，花瓣是不显眼的暗红色，并且散发出阵阵臭味，因为它要吸引的昆虫，是喜欢臭味的苍蝇。苍蝇被吸引而靠近、钻进花中后，就开始了被监禁的生活，因为马兜铃漏斗状的花朵，中间有个地方特别细，还长有倒生的毛，苍蝇一旦爬进去后，就出不来了，只能在花朵基部爬来爬去，替花朵充分授粉。不过，马兜铃的花朵会分泌蜜汁，让苍蝇有"牢饭"可吃，不会饿死。1～2天后，花中的倒生细毛开始萎缩、变软，苍蝇就能逃出牢房，全身沾满花粉，继续造访下一间花朵"牢房"。

马兜铃有很多不同的种类，共同特征是它们奇特的花朵"牢房"，有各种不同的形状。

41

菟丝子是一种全寄生植物，它只能从宿主身上取得养分，自己无法制造养分。菟丝子大肆生长常会盖住宿主，让宿主因缺少阳光而死亡。

寄生高手

　　植物与植物之间，会互相竞争水分、养分，以及生存空间，不过，有另一群很特别的植物，它们生存所需要的资源，却是直接从其他植物身上取得，这些植物称为寄生植物。它们寄生在其他植物身上，从这些宿主身上夺取水分及养分，有些寄生植物甚至会盖住宿主植物，让宿主因为缺乏阳光而死亡。这些植物以不一样的生存策略，成功成为生存战中的优胜者。

扫描二维码回复【小牛顿】

即可观看独家科普视频

槲寄生 半寄生求生存

　　槲寄生是一种半寄生植物，寄生在高大树木的枝干上，它们的根特化成"根吸器"，可以吸附固定在枝干上。远远看槲寄生，就像是树上挂着一颗一颗绿色的球。槲寄生虽然有绿色的叶子可以进行光合作用制造养分，不过它们还是会利用根吸器钻进宿主的树皮中，直接吸取宿主的水分与养分。冬天时，宿主的叶子若掉光，暂停制造养分，槲寄生就会利用自己的叶子制造养分，不怕养分不足而死亡。槲寄生结出的浆果，会吸引鸟类食用，槲寄生的种子再随鸟粪便排出，就能够抵达高大的树上继续生长了。

槲寄生与某些鸟类发展出合作关系，它结出香甜的浆果吸引鸟类来吃，鸟儿便帮忙传播槲寄生的种子到另一棵树上。

果实

槲寄生是半寄生植物，它的根会穿入宿主枝干中，吸取水分及养分，如果同时有好几棵槲寄生吸附在树木上，可能造成树木的营养不够而死亡。

宿主

根吸器

菟丝子 巴着不放的吸器

　　菟丝子长得很奇特，它没有根，也没有叶，只有又细又长的茎，菟丝子只要靠着茎就能够生存。菟丝子藤蔓式的茎，会四处探寻宿主植物，当侦测到宿主植物的气味，就会循着气味朝着宿主植物方向生长，一碰触到宿主，就会迅速用茎缠绕上去，并长出特化的"吸器"，这些吸器就像是牙齿般，牢牢咬住宿主的茎，获取宿主的水分和营养。而被寄生的植物，过没多久，身上就会被满满的菟丝子覆盖住，就像是覆盖着一团黄色线团般，宿主之后会因为营养流失而逐渐枯萎。菟丝子的宿主植物有数百种，只要透过吸器，就能够轻松夺取水分和养分，是生存战中的大赢家。

菟丝子在夏天开花，它的花很小，好几朵聚在一起生长。花朵直接从茎上冒出，没有长长的花梗。

花

菟丝子会分泌酵素，破坏植物宿主的茎外皮，吸器就能顺利穿入宿主茎中，吸取宿主的养分和水分。

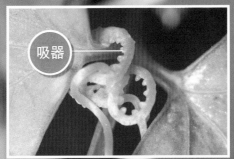

吸器

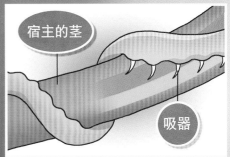

宿主的茎

吸器

蛇菰 躲起来的植物

蛇菰生活在热带与亚热带地区，居住在潮湿阴暗的森林底层，这里缺少阳光，很少有植物能够生存。蛇菰的叶片退化，而且全株植物都没有叶绿素，所以无法自行制造养分。为了可以取得水分及养分，蛇菰过着寄生生活，完全靠掠夺其他植物的水分及养分生存下去。蛇菰会寄生在植物地底下的根部，从根部直接吸取宿主的水分及养分。蛇菰平常都在地底生活，只有开花的时候，才能看到蛇菰的花从肥大的地下茎生长出来，由昆虫帮它传播花粉。

蛇菰平常生长在地底下，只有开花的时候，膨大的地下块茎才会向上长出花穗，上面有许多小花，花粉还是要依赖昆虫协助传递。

花

叶

块茎

宿主的根

列当 漂亮的寄生植物

　　列当广布在北半球温带地区，它不具有叶绿素，无法自己制造养分、独立生活。列当是靠着寄生在其他植物的根部，吸取其他植物的水分跟养分来成长。有些列当，具有宿主专一性，只寄生在某一种宿主身上，而有些列当，则可以寄生在不同种宿主身上。平常列当躲藏在土壤中，慢慢吸收宿主养分长大，只有到了要繁衍后代时，才会突破地表，开出一串一串美丽的花朵，吸引昆虫和鸟类来帮忙授粉。

不同种的列当，开出来的花也不同，有些种类的列当，开出的是一串一串的花，有些种类的则是一朵一朵分开的花朵。列当的花是靠着昆虫协助传粉，所以花朵的颜色都很鲜艳，以吸引昆虫。

寄生植物大王花靠寄生生活，我们只能看到它的花。大王花的花看起来像一张血盆大口，还会散发出腐肉般的气味，吸引苍蝇和食腐的蜂类及啮齿动物前来帮忙授粉。

大王花 突然冒出的大花朵

　　大王花生长在印度尼西亚的热带雨林，它们没有叶绿素，不能进行光合作用制造养分，所以也是靠着寄生求生存，只有开花时才会冒出地表。它们的花非常大，是全世界最大的花。大王花因为没有叶绿素可以自行制造养分，所以寄生在藤蔓植物的根部，靠着吸取宿主的养分而生存。平常我们看不到大王花的植株，只有开花期时，花苞才会冒出地表开花。大王花的花有1米宽，巨大的花朵，搭配上散发出的浓烈臭味，能吸引喜爱腐臭味的苍蝇前来，达到传播花粉的目的。

大王花从冒出花苞到开花需要9个月的时间，花期却只有4天，花谢后则崩塌成一团类似烧焦的黑色黏稠物。

水晶兰 靠着真菌长大的植物

　　水晶兰生活在森林的底层，森林底层的光照很少，许多植物无法在这里生长。水晶兰全身都没有叶绿素，所以它们不靠阳光进行光合作用来制造养分，而是与大王花一样，靠着寄生来取得生长所需的养分，不过它们的宿主不是植物，而是真菌。水晶兰的宿主是与树木共生的真菌，这些真菌从植物身上取得植物进行光合作用所制造的养分，而水晶兰再从这些真菌上取得这些养分来生长，水晶兰独特的生存策略，让它就算是在阴暗无光线的环境中，还是能够取得足够的养分生存下来。

花

叶

水晶兰花、茎和鳞片状的叶子都是白色的，也被叫作幽灵草，有些种类的水晶兰是粉红色，也同样没有叶绿素。

图书在版编目（CIP）数据

植物生存高手. 竞合篇 / 小牛顿科学教育公司编辑团队编著. -- 北京 ：北京时代华文书局，2018.10
（小牛顿生存高手）
ISBN 978-7-5699-2577-7

Ⅰ. ①植… Ⅱ. ①小… Ⅲ. ①植物—少儿读物 Ⅳ.①Q94-49

中国版本图书馆CIP数据核字(2018)第211960号

版权登记号 01-2018-6426

文稿策划：
蔡依帆、廖经容
照片来源：
Shutterstock：P1～35、P37～55
iStock：P36
插画：
蔡怡真：P10～11、P13～14、P16、P22～23、P27～29、P32、P37、P40
朱家钰：P43、P45、P47、P49、P52

植 物 生 存 高 手 　 竞 合 篇
Zhiwu Shengcun Gaoshou Jinghepian

编　著｜小牛顿科学教育公司编辑团队

出 版 人｜王训海
选题策划｜王训海
责任编辑｜许日春　沙嘉蕊
审　　定｜史　军
装帧设计｜九　野　孙丽莉
责任印制｜刘　银

出版发行｜北京时代华文书局 http://www.bjsdsj.com.cn
　　　　　北京市东城区安定门外大街138号皇城国际大厦A座8楼
　　　　　邮编：100011　电话：010-64267955　64267677
印　　刷｜小森印刷（北京）有限公司　010-80215073
　　　　　（如发现印装质量问题，请与印刷厂联系调换）
开　　本｜889mm×1194mm　1/20　印　张｜3　字　数｜37.5千字
版　　次｜2019年5月第1版　　印　次｜2019年5月第1次印刷
书　　号｜ISBN 978-7-5699-2577-7
定　　价｜28.00元